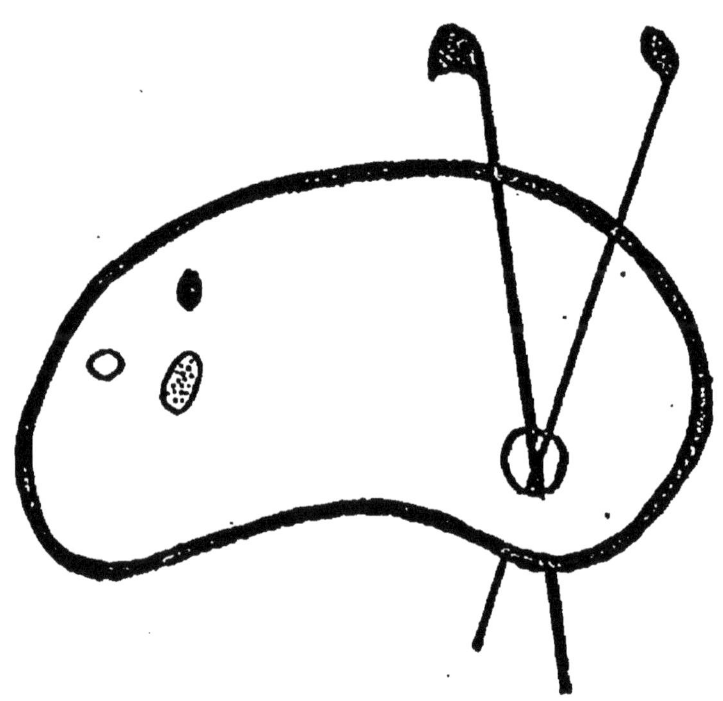

DEBUT D'UNE SERIE DE DOCUMENTS
EN COULEUR

Mon Voyage EN ABYSSINIE ET Séjour chez les Somalis

(Côte Orientale d'Afrique)

PAR

LÉON PAGNÉ

SAINT-QUENTIN
TYPOGRAPHIE ET LITHOGRAPHIE CH. POETTE
1900

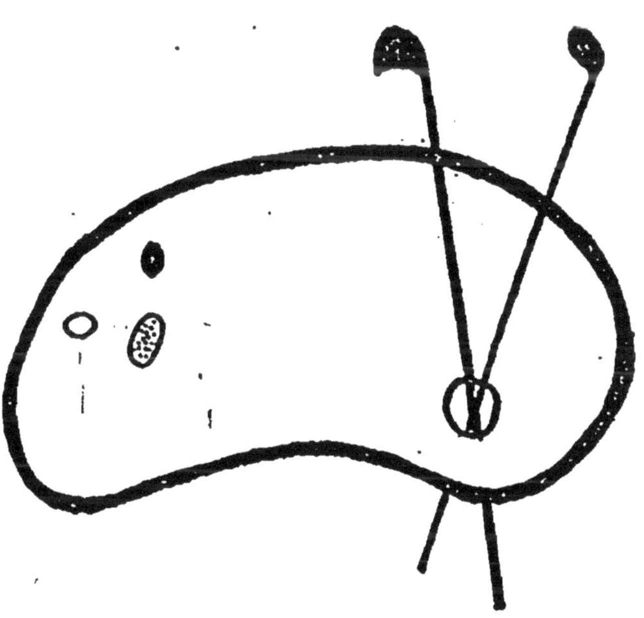

FIN D'UNE SERIE DE DOCUMENTS
EN COULEUR

Mon Voyage en Abyssinie

ET

SÉJOUR CHEZ LES SOMALIS

Mon Voyage

EN ABYSSINIE

ET

Séjour chez les Somalis

(Côte Orientale d'Afrique)

PAR

LÉON PAGNÉ

SAINT-QUENTIN
TYPOGRAPHIE ET LITHOGRAPHIE CH. POETTE

1900

AU LECTEUR

L'Afrique, cette contrée sauvage et encore si peu connue, cette terre mystérieuse et terrible, n'a-t-elle jamais, ami lecteur, excité votre curiosité ?

Défendue par ses déserts brûlants et son climat mortel, habitée par des tribus sauvages, elle a longtemps défié les efforts des plus hardis explorateurs, et rien ne la symbolise mieux que les sphinx placés par l'antique Egypte à l'entrée de la vallée du Nil, comme pour en défendre les abords.

Aujourd'hui, le voile qui la cachait s'est soulevé. D'intrépides savants ont été les précurseurs des grandes découvertes qui ont illustrées nos siécles. L'Europe entière s'est émue au récit de leurs travaux : permettrez-vous, lecteur, à un humble guide de vous conduire au milieu des pays sauvages qui ont été révélés au monde par les explorateurs célèbres ?

Je les ai vus, et une longue étude m'a identifié avec eux.

Nous allons étudier ensemble les mœurs des peuples, nous ferons connaissance avec les princes et les chefs qui les gouvernent, nous allons assister à leurs jeux et à leurs combats.

Fortement documenté pendant

mon séjour chez ces individus, je le fus encore aprés mon retour, grâce à mon frére, resté là-bas, dans ce triste pays, qui ne s'améliorera que lorsque des jeunes gens oseront s'expatrier et qui, par leur nombre, améneront une civilisation parfaite.

C'est dans l'espoir de les encourager que je vais leur faire connaître le pays. Disons donc adieu au continent européen, et élançons nous à la recherche d'impressions nouvelles. Si cet itinéraire vous agrée, cher lecteur, commençons...

LÉON PAGNÉ.

Dédié à mon Pére.

(1900)

DJIBOUTI

(Côte Orientale d'Afrique)

PAYS DES SOMALIS

PROTECTORAT

Le port de Djibouti est très mouvementé. On y débarque beaucoup de marchandises. Lorsqu'on arrive on trouve à droite la jetée de la ville et un peu plus loin, celle du plateau du Serpent.

Le gouverneur habite sur la jetée de la ville et c'est là que flotte le drapeau protecteur Français.

ASPECT

En entrant en ville, l'aspect, en raison des habitations, rappelle celui de l'Algérie. Les rues sont peu nombreuses, et sont souvent désertes.

A quelques centaines de mètres de la place de la ville se trouve bâti le village indigène. Ce sera le point le plus intéressant de cette causerie.

Au sortir de ce village commence le désert.

Au Nord-Est s'étend le plateau du Serpent, puis le plateau du Marabout.

C'est sur le plateau du Serpent que se trouvent les principales entreprises, la Compagnie des chemins de fer Ethiopiens, les constructions, etc. Au Marabout, l'hôpital, la glacière, etc.....

Le sol de Djbouti est formé de sable jaune et noir, ce dernier brûlé par les ardents rayons du soleil; le vent fait presque défaut, mais au bord de la mer l'air est plus rafraichissant, ce qui permet un peu à l'Européen de respirer à son aise.

POPULATION

Le chiffre de la population est assez difficile à établir, en raison de l'élément noir qui dépasse de beaucoup notre race. On y trouve une grande variété; les plus nombreux, les naturels du pays sont les *Somalis*, puis viennent les *Issas*, les *Ethiopiens*, arabes, grecs, sénégalais, dankalis, etc...

Il sont tous vêtus à peu près pareil, c'est-à-dire très simplement, mais chaque race a une manière spéciale de porter ses hardes.

Nous allons examiner successivement ces différents types.

SOMALIS

C'est le peuple qui nous occupe le plus puisque ce sont nos protégés.

Généralement de haute taille, les Somalis sont très maigres et très peu musclés. Leur teint varie du chocolat au marron très foncé. Leurs cheveux ras ou frisés, mais peu crépus. Le nez est bien fait, pas trop plat et la physionomie est expressive. Le front haut et découvert prouve une grande intelligence chez ces individus. Leur langue est le somal, l'arabe et l'abyssin, ils parlent un peu le Français, mais très mal, il est certaines lettres qu'ils ne peuvent articuler. Cependant, dès qu'ils ont entendu quelque chose ils le retiennent parfaitement.

Ce peuple est peu travailleur, quelques-uns sont boys, d'autres tirent des Pankas (ventilateurs). Ils préfèrent la promenade.

Ils savent tous nager avec une agilité incroyable, et aussitôt qu'un paquebot entre au port, il vont à une vingtaine dans l'eau, autour du bateau en articulant des « A la mer ! A la mer ! » ce qui signifie aux passagers de leur jeter un sou qu'il vont chercher au fond de l'eau, et ils le placent au porte-monnaie qui est leur bouche. — Les jeunes somalis, bien qu'ils s'en trouve de grands, sont très fiers et ne croient pas à la mort que peuvent leur donner les requins qui abondent dans tout le port, car ils ont au bras ou au cou, une espèce de talisman qui, selon eux, les préserve des requins, ce talisman est appelé « Grigri ». Ils n'hésiteraient même pas à se jeter à l'eau quand bien même ils y verraient un requin.

Le costume des *Somalis* est des plus simple ; il se compose d'une étoffe entourant les reins et tombant jusqu'aux genoux. Quelquefois ils ont une chemise et un gilet.

Le costume des femmes somalis est à peu près le même, mais il est un peu plus long, de plus elle a une espèce de châle et un mouchoir de couleur vive qui entoure la tête, ou un voile ajusté au front et retombant sur le dos. Pieds nus, comme les hommes, les femmes ont des bracelets aux jambes et aux bras, des colliers massifs et lourds, des boucles d'oreilles, et quelques-unes, un anneau passé dans la narine gauche. La chevelure est rare, car elles la rasent en raison des poux qui les font souffrir horriblement.

Les femmes se cachent aux Européens et ne se montre que lorsque l'on est passé. Si elles en rencontrent, elles se sauvent ou se cachent le visage.

Les hommes sont tous munis d'une canne terminée par une boule ; les somalis mariés ont un petit fouet appelé Courbache et qui indique l'autorité qu'il ont sur leur femme. Ceux qui se dirigent ou viennent de la brousse sont armés de lances, d'un poignard, et quelquefois de petites flèches. Toutes ces armes sont généralement empoisonnées.

Les Somalis flânant continuellement dans la ville se font arrêter par les policiers noirs et alors ils sont soumis à des travaux, soit pour balayer les rues, soit pour transporter des pierres de madréport pour alimenter les maçons. Les repris de justice ont des chaînes aux pieds et aux mains. Ils sont escortés par des soldats noirs appelés *Askaris* qui ne sont munis que d'une courbache, et ils frappent dessus quand ils ne marchent pas assez vite ou régulièrement.

Beaucoup aussi de ces prisonniers sont employés à pousser de petits wagons de Decauville pour transporter l'eau qui vient de l'oasis d'Amboulie et qui sert à l'alimentation de Djibouti. Le soir après le coucher du soleil, ils réintègrent la prison, appelée *Chouky*, et lorsqu'il y a des récidivistes, ils sont passés à tabac par les Askaris, ce qui explique souvent les hurlements qui sortent des étroites ouvertures de l'enceinte de la Chouky. La peine de mort n'a pas encore été utilisée, d'abord parce que le Somalis n'est pas assassin et ensuite parce que lorsqu'un crime a été commis il est excessivement rare d'en trouver l'auteur.

Les Somalis sont ennemis avec les Issas et sont très souvent en guerre avec eux.

LEUR RELIGION

Les Somalis professent la religion Kopte qui est à peu près la même que celle des Russes, d'autres sont Mahométans et Musulmans, mais dans n'importe quel cas ils ont une religion supplémentaire. Enfin, quelle que soit leur religion, ils en observent toutes les règles à la lettre.

Je vais donner quelques détails sur ces diverses règles qui sont assez curieuses :

Le vin, les alcools de n'importe quelle nature leur sont complètement défendus; ils aimeraient mieux se laisser battre et se laisser rouer de coups plutôt que de consentir à absorber, même une goutte de ces liquides; et même dans un verre où il y en a eu, ils refuseraient formellement d'y boire.

Si, sous autre forme, il leur arrive d'être mis en contact avec un de ces liquides, quoiqu'ils soient en train de faire et n'importe où ils se trouvent, ils abandonnent tout et courent à la mer ils plongent et replongent quatre ou cinq fois, ceci, simplement pour se purifier, car d'après eux, une fois qu'ils sont souillés par ces alcools ou autres boissons défendues, leur seule pénitence est de se laver complètement à la mer, après quoi ils sont purifiés. Ils se sèchent en marchant et au soleil. Alors il leur reste une couche de dépôt blanc, qui n'est autre que celle du sel marin.

Si on leur donne une nourriture qui

ait été en contact avec du porc, où qu'un couteau en ai coupé, ils la refusent.

S'ils rencontrent dans la rue, un chien, ils s'en éloignent à grands pas, et si par malheur ils viennent à être frôlés par l'animal, la même opération recommence et la mer les repurifient. Quand dans les habitations ils voient un lézard, ce qui est commun, ils le tuent de suite, et si l'animal se trouve sur un vase ou sur une assiette, la matraque s'abat sur le lézard qui est broyé mais la vaisselle aussi.

Les Somalis sont très amateurs de sports et ils organisent des courses à pied, des luttes, des boxes; ils jouent au foot-ball et à la paume avec des raquettes tressées par eux, et des balles en peau ou en bois léger taillées au couteau.

Il existe aussi des barbiers et des coiffeurs qui sont habiles pour raser, mais pas de barbes, car elles ne poussent pas, ils ne rasent que les cheveux. Les coiffeurs teignent les cheveux en rouge vif, ou les enduisent de chaux pour éviter des poux.

Les Somalis sont la sobriété même.

Pour terminer l'étude de ces individus sur qui, je crois, nous reviendrons encore, je dirai que les Somalis sont issus des Arabes, Gallas et Éthiopiens, ils sont divisés en un très grand nombre de tribus toujours en guerre entre elles et d'une grande férocité.

Les autres élèvent beaucoup de chameaux, de chèvres et de moutons; ils sont nomades, et ce sont ceux-là qui vivent dans Djibouti. Leur pays encore peu connu, les Adalis et les Danakils ou le Samhara sont les endroits les plus chauds du globe.

LES DANKALIS

Les Dankalis ressemblent aux Somalis, ils ne sont qu'en petit nombre à Djibouti.

LES ISSAS

Ce sont des types semblables aux Somalis mais de nature et de vie très différente. Ils ont les cheveux longs et en forme de tire-bouchon. De même taille et vêtus comme eux, mais ils ont l'air beaucoup plus sauvage. Armés comme les Somalis, les Issas sont guerriers et fiers. Ils sont voleurs et pillards, mais ils n'exercent qu'en très grand nombre, et quand ils attaquent ils sont presque toujours vainqueurs.

Leurs habitations sont assez éparses et ils sont groupés seulement à 35 ou 40 kilomètres de Djibouti. C'est la race la moins sociale. Leur genre de vie est à beaucoup près loin de celle des Somalis. Nomades, les Issas errent partout et sont toujours armés de lames et de couteaux. Je vais décrire un de leurs jeux favoris et communs : c'est la Fantasia.

Par le mot Fantasia, on entend une espèce de fête où l'on danse en pleine rue, et cette fête est privée. Elle a lieu en l'honneur d'un chef de tribu, d'une guerre, ou de simulacres quelconques. Voici la description d'une de ces Fantasias à laquelle j'ai assisté et qui véritablement ne vous rassure pas beaucoup en pensant que si l'on se trouvait seul dans les tribus Issas, il est certain que le moment à passer serait cruel.

Lorsque les Issas arrivent en ville, en Fantasia, ils marchent sur deux rangs formés chacun par une cinquantaine d'hommes. A l'avant, seul, est un Issa, qui est mieux armé que les autres, et qui a une queue de cheval blanche, attachée au centre de son bouclier, sa figure est enduite de graisse, ses cheveux bien soyeux tombent sur les épaules. Il a un bracelet d'os passé à chaque membre et un anneau dans la narine gauche, des boucles d'oreilles et enfin deux ou trois plumes d'autruche plantées dans la chevelure.

C'est le chef de la bande.

Il avance, suivi de ses guerriers, puis il chante en langue Issa ou Somalie

Héri madi ana habane

qui signifie textuellement :

« Ennemi ne cherche pas après nous »

Ceci dit, il se tait, et les deux rangées d'hommes qui le suivent répondent en chœur, sur un ton semblable, mais plus élevé : *Goro ro yé Bourour obsi* « Celui qui cherchera après nous nous le lapiderons ! »

Puis après quelques secondes le chef reprend son invocation et cela continue pendant toute leur marche.

Arrivés en ville, sur la place du Gouvernement, à Djibouti, le chef court d'un bout à l'autre de la rangée qui continue d'avancer, et brandissant d'une main son bouclier qu'il agite, et de l'autre sa lance, il saute, bondit, court devant ses hommes en poussant de véritables hurlements qui sont le cri de guerre.

Puis tout à coup il s'arrête à dix mètres en avant de la colonne qui avance toujours en répétant froidement le même chœur; puis le chef se tourne vers elle et l'appelle avec un sentiment de fureur et de rage, alors la colonne s'élance sans ordre, en masse, poussant des cris aigus, les boucliers s'agitent au-dessus de ce noyau d'humains. Puis ils reprennent leurs rangs et continuent leur marche à travers la ville et s'en retournent de même.

Voici l'explication de ce dernier simulacre :

« Quand le chef arrêté à l'avant, a crié de toutes ses forces en cherchant dans l'espace avec le bout de sa lance, c'est qu'il a « vu l'ennemi » (au figuré naturellement). Ceci est le simulacre de l'attaque.

» Ils ont de même les simulacres de la mort, du sacrifice, accompagnés de danses, de chants monotones et tristes appropriés à ces genres d'exercices. Bien calmes, ils s'en retournent vers Bulaos, en ne cherchant à faire aucun mal ».

Tous les Somalis, Arabes, Européens accompagnent cette promenade d'Issas et les reconduisent, par curiosité, jusqu'aux portes de Djibouti, vers Bualos.

En ville, il n'y a rien à craindre de ces gens, mais avec les démonstrations qu'ils vous font là-bas, et que je viens de vous faire ici, on voit qu'il vaut mieux ne pas se trouver seul devant eux au moment où ils « voient l'ennemi » qui, peut-être, ne serait plus au figuré.

LES ARABES

Ceux-ci sont généralement laids, leur peau est jaune ou brune. Ils sont petits et ont un gros ventre, les membres trapus et une grosse tête, des joues bouffies et un nez très gros en forme de pomme de terre. Les Arabes ont assez mauvais caractère, ils sont très bornés et pas très intelligents.

Ils ne comprennent guère ce qu'on leur dit. Ce sont eux qui poussent des voitures de marchandises et qui portent l'eau. Ils sont forts, et c'est là leur seul mérite. Ils sont employés à Djibouti comme cuisiniers, menuisiers, maçons, etc...

LES SÉNÉGALAIS

Les Sénégalais sont d'une taille extraordinaire, ils sont maigres et leur peau est noire comme si elle eut été minée au plomb ; leurs lèvres et leurs cheveux ne diffèrent pas de couleur. Ils sont tous Askaris, et font la police en ville, en très grand nombre. Ils conduisent les prisonniers et font le service de tout policemen d'Europe. Ils sont vêtus en coutil blanc, à l'européenne, sont coiffés d'une toque blanche ornée d'un galon rouge. Ils portent un petit fouet ou une badine. Ils vont pieds nus, les gradés ont des sandales. Ils sont très sévères et remplissent leurs fonctions rigoureusement. Les jours ou des passagers descendent à terre, et qu'autour d'eux se trouvent plusieurs Somalis qui demandent des pourboires, aumônes (appelés *Bacchis)*, un Askari qui les a déjà guettés arrive vivement et cingle de fouet ces divers boys. Les autres Sénégalais en petit nombre ici, et qui ne sont pas Askaris sont ceux qui sont descendus d'Abyssinie avec le commandant Marchand; mais ils doivent être employés comme policemens secrets.

LES ETHIOPIENS

Ce peuple n'est pas très nombreux, mais est un des plus doux. Ils ont les traits des Européens, leurs lèvres diffèrent cependant, et leurs cheveux ne sont pas très frisés. Très affables et bons enfants, ils ne sont à Djibouti que de passage, c'est-à-dire qu'ils montent en Abyssinie ou en descendent.

Mieux vêtus que les autres, ils portent une espèce de culotte qui ressemble au caleçon. Les Abyssins proviennent d'un mélange de sang nubien ou égyptien ancien, le sang berbère, le sang foulah et peulh, le sang nègre et arabe. Chacun de ces types domine plus ou moins chez l'Abyssin, suivant les régions.

Ce peuple est constitué depuis une époque déjà fort reculée, car il a formé très anciennement le noyau d'un empire.

D'intelligence vive, les Abyssins ont une grande gaîté naturelle et sont d'un abord facile.

Ils sont très courageux, comme on a pu le constater au cours de diverses campagnes dirigées par eux contre les Italiens, mais aussi lors de l'expédition anglaise conduite, il y a une trentaine d'années par lord Napier, et plus tard en 1876 pendant leurs luttes contre les Egyptiens.

Les Abyssins sont passionnés pour la guerre. (Voir l'Abyssinie Militaire).

S. M. MÉNÉLICK

Le roi Ménélick traite généralement bien les Européens, mais au fond, il les hait.

C'est du reste un sentiment commun à tous les Abyssins, mais le négus Ménélick est trop habile pour montrer ses véritables sentiments.

Il veut des armes, des fusils et des canons surtout ; or, maltraiter l'Européen, c'est l'éloigner.

La mauvaise foi du Roi est entière lorsqu'il s'agit de ses intérêts. Ses sujets suivent le même exemple.

Quand un Européen arrive, tout ce qu'il possède est porté devant le négus Ménélick qui prend ce qu'il veut, non par la violence, mais par une force de persuasion avec laquelle on comprend bien qu'il est inutile de lutter.

Il offre toujours des prix inférieurs à ceux qu'on pourrait vendre aux habitants du pays. Par contre, il livre ses produits à des prix plus élevés que ne les vendraient les indigènes. Il est même arrivé à falsifier ses produits et à les vendre comme purs, tellement ils sont naturels.

Il paie ses achats, en or, en ivoire, et en civette, qu'il est arrivé à falsifier très bien, aujourd'hui.

Je ne sais si le négous Ménélick estime que son cachet et sa signature peuvent l'engager à exécuter ce qu'il a écrit, mais à sa façon d'agir on supposerait qu'il ne le croit guère.

Le négous Ménélick ne se contente plus des cadeaux que lui faisaient autrefois les habitants ou voyageurs, il demande continuellement de l'argent au Dedjazmatch Makonen. Celui-ci envoie tout ce que la ville de Harrar peut produire en impôts, mais cela ne suffit pas encore aux exigences de son maître, et le Dedjazmatch Makonen aujourd'hui le Ras Makonen a dû s'endetter envers les Européens établis à Harrar, où prendre l'argent des indigènes qui en possédaient, pour être agréable au négus et conserver son grade.

Le négous Ménélick, sans être cruel comme beaucoup d'indigènes, a cependant une manière d'agir qui ne serait certainement pas admise en pays civilisés.

Comme exemple de ses lois, je dirai simplement que, dans une guerre avec les Gallas, il fit couper une main à quarante Gallas rebelles et la suspendre au cou, après quoi ils furent maintenus comme prisonniers.

LA VILLE NÈGRE

C'est le point le plus intéressant de ces récits. Le village noir n'est composé que de paillottes où habitent tous les noirs. Les rues longues et larges, les paillottes groupées forment un ensemble des plus curieux.

Voici la description d'une paillotte (appelée *Biette*, pluriel *Biettotch) :*

La porte formée par une natte tressée habilement et montée avec une espèce de charnières tressées également, et ressemblant ainsi à la porte d'une cage d'osier pour les oiseaux, puis un loquet de fermeture en cordes y est ajusté.

Les parois de la hutte sont en chaume ou en natte comme je l'ai déjà dit. A l'intérieur se trouve le lit appelé Angareb qui est formé de tresses espacées tendues sur un chassis de bois qui est élevé du sol de 30 centimètres par quatre pieds. Pas de matelas ni d'autre literie. L'indigène couche sans couverture sur ce tamis et sans oreiller.

Dans un coin, un morceau de bois,

sert de siège, une caisse recouverte d'un tapis sert de table, sur laquelle il y a des verres appelés *Coubailla*, et des boissons fabriquées par l'habitant même.

Quelques chromos voyantes et criardes sont suspendues en guise de tableaux.

Une grande partie du jour, le noir est couché sur son angareb et fume le narghillé où brûlent divers parfums. Devant lui se trouve une tasse de thé ou de café, mélangé avec des clous de girofle. Le soir de très bonne heure tous ces noirs sont couchés devant leur habitation et dorment déjà profondément. Il est très curieux de faire une promenade à travers ces rues que la lune éclaire et donne des reflets bizarres à cet amas de paillottes, de gens couchés, même pêle-mêle, et encore faut-il regarder où mettre le pied, car on risquerait de leur écraser une jambe ou un bras étendus.

Dans plusieurs points du village noir se trouvent installés les cafés indigènes et beaucoup de consommateurs sont assis, ou plutôt accroupis devant des bols de thé, de café, limonades ou sirops du talla ou du tetch, espèces de bières mélangées à du miel. Ils préfèrent tous la limonade très gazeuse, en bouteille quand le bouchon fait « boum. »

Le plus curieux à visiter dans ce village, ce sont les habitations des gens mariés. S'il n'y demeurent que l'homme et la femme sans enfant, on est tout surpris de voir tous les objets en nombre triple.

Par exemple on trouve trois angarebs (lits), et leur emploi est ainsi réparti : le premier sert à l'époux, le second à l'épouse, et le troisième à l'amant.

La jalousie n'existe pas chez le Somalis, quant l'amant rentre à la biette (maison), l'époux quitte sa femme et s'en va de suite et vice-versa, car il ne doivent jamais être deux avec la femme. Enfin, il est de coutume que les femmes mariées aient deux hommes, l'époux et un amant, mais la femme n'a pas le droit d'avoir deux amants. Comme vous voyez, la jalousie est inconnue et ils vivent en famille. Le mieux est toujours de s'arranger, n'est-ce pas ?

Les femmes Somalis sont nubiles à l'âge de douze ans et elles se marient, à cette époque, mais elles remplissent un rôle effacé et servent plutôt de compagnes que d'épouses.

LES GALLAS

Après avoir parlé des Somalis, Issas, Arabes, Abyssins, etc..., il faut aussi dire quelques mots sur les Gallas.

Les Gallas appartiennent à la grande race Ethiopienne. Ils forment de nombreuses tribus pastorales ou agricoles, mais indépendantes. Ils ont le caractère belliqueux et conquérant. Les plaines méridionales de l'Abyssinie ont été à diverses reprises envahies par eux et il existe entre les Abyssins et les Gallas, ainsi que les Somalis, une haine des plus violentes.

Les femmes Gallas ne sont pas nombreuses, mais on les rencontre non loin de Gueldessa, point de jonction des routes pour Harrar et Addis-Abbeba. Leur costume diffère de celui des Somalis ; elles s'enroulent autour des hanches des peaux de hyènes ou de panthères qui descendent jusqu'aux genoux seulement, et les hardes qui couvrent leurs épaules et qui laissent à nus les bras et les seins, sont également en peaux. Ces femmes sont plus sauvages que les autres races, elles ont aux bras et aux jambes des anneaux en bronze ou en os, les cheveux sont coupés sans ordre et des plumes d'oiseaux y sont plantées. Elles sont généralement pauvres et ne viennent dans les villes que pour mendier. On les appelle dans ce dernier cas, les *Meskines*.

LES ANIMAUX

Les animaux domestiques sont assez nombreux. Comme bêtes de boucherie on y trouve d'abord le bœuf zèbu de Madagascar. Le chameau qui fournit une viande relativement bonne et saine, le porc ne peut s'acclimater et enfin le mouton.

Pour le travail, les chameaux et les mulets sont employés en grande quantité et on les charge très lourdement. Les petits ânes d'Afrique sont blancs et ont une croix noire sur les épaules ; ils ne servent qu'à transporter le thé, le riz, l'or en poudre, l'ivoire, etc., etc. Le chameau n'est chargé que de caisses, ballots, bois mort, canons et des défenses d'éléphants. Ils sont employés aussi pour tirer d'immenses tonneaux contenant de l'eau qui vient d'Amboulie et qui alimente la ville, elle est vendue aux habitants à raison de 0 fr. 15 le Tanika qui vaut quinze litres environ.

Le courrier qui va de Djibouti à Harrar, qui se trouve à 340 kilomètres, se fait par chameaux. L'indigène qui le monte est aussi sobre que sa bête, et il s'arrête juste le temps nécessaire pour casser une croûte de pain biscuité et avaler quelques gorgées d'eau qu'il porte dans une peau de bête, ou qu'il prend dans une oasis qu'il peut rencontrer. Quelquefois même, l'indigène mange sans descendre du chameau. Il est porteur également de Doura, graine qui sert à nourrir sa bête et quelquefois même l'indigène n'a pas de vivres pour lui, mais sa bête en a, car elle doit être nourrie avant son propriétaire. J'ai vu de ces indigènes nourrir leur bête avec le Doura, et l'homme s'en passer ; mais dès que l'animal avait rendu ces grains déjà digérés, le noir les sépare de la matière, les passe à l'eau, et les mange à son tour. Ceci peut paraitre incroyable mais c'est exact cependant.

Les chiens de toutes les espèces abondent. Ils n'ont pas de propriétaires; ils vivent de viandes qu'ils trouvent à l'abattoir ou dans les détritus. Les chats en plus grand nombre encore, sont tout à fait sauvages, des batailles terribles ont lieu fréquemment. Quand l'indigène y assiste il accourt avec son bâton, et il est rare qu'il n'y ait pas de morts.

La volaille est peu nombreuse à

Djibouti en raison des difficultés d'élevage, mais à Harrar elle est vendue à vil prix, un poulet peu coûter 0 fr. 20 à 0 fr. 25, mais il n'est guère plus gros qu'un pigeon. Les œufs valent 0 fr. 25 à 0 fr. 30 à Djibouti (pièce) et à Harrar pour le même prix on a la douzaine.

Les oiseaux sont assez rares en ville, on ne les rencontre qu'au bord de la mer. En rentrant dans le désert, on trouve les oiseaux de proie en nombre et cela en raison de la quantité de cadavres de chameaux et ânes, qui s'y trouvent.

Dans l'Oasis d'Amboulie, ce sont des oiseaux de paradis, des serins, des pinsons, oiseaux-mouches, etc... Ils vivent sur les nombreux palmiers qui s'y trouvent.

Les chèvres élevées en grand nombre par les indigènes fournissent le lait, mais à un prix très élevé, un franc le litre environ. La gazelle qui ressemble au chevreuil, mais plus petite, se chasse beaucoup, et la chair est très bonne. Les antilopes se rencontrent aussi. Les mérinos vivent chez les indigènes qui en font l'élevage.

Les poissons alimentent toute la ville et toute la côte, on y trouve toutes les espèces depuis le véron jusqu'au requin. Les crabes, langoustes, etc., huîtres à 0 fr. 15 la douzaine, etc.

Au sortir de l'oasis d'Amboulie on trouve la vipère rouge, et la vipère très petite argentée qui vit sur les cocotiers et les bananiers. Les scorpions jaunes abondent dans la brousse. Les lézards se trouvent par milliers dans les maisons. Les rats et les souris sont un fléau, et enfin les terribles mouches et moustiques qui font l'affreuse bêtise de vivre toute l'année, et qui se plaisent tant à venir se promener sur votre visage après avoir été se promener sur les chairs corrompues des animaux morts. J'oubliais aussi de citer le terrible animal qui sent si mauvais, et qui cause le cauchemar à bon nombre de gens : le cancrelas, — ou vulgairement cafard.

Comme animaux sauvages, on ne trouve dans toute la ville rien que la hyène rayée, qui s'y promène et vient aux tas d'ordures, tout comme le chien. Elle est dans le pays de la plus grande utilité car elle ne vit que de corps morts, qui, sans elle, occasionneraient des cas de peste en raison des odeurs que le soleil ferait dégager. Les autres animaux sont les guépards, les chacals et les léopards. Aux environs de

Gueldessa on commence à rencontrer le lion, la panthère et le tigre. Les éléphants abondent dans toutes les parties basses de l'Ethiopie.

AMBOULIE

Amboulie est un magnifique oasis situé à quatre kilomètres de Djibouti, en avançant dans la direction de Harrar. Là, à Amboulie, on respire un air délicieux, au milieu de palmiers, d'aloës, de cactus, de cocottiers, qui ne donnent pas de grandes ombres, mais quand vient la brume, rien n'est si harmonieux, si charmeur que ce site. Je vais décrire une partie de chasse que j'ai eu l'occasion de faire pendant mon séjour à Djibouti :

C'était un dimanche, il était environ cinq heures du soir, le soleil était presque tombé, et la température relativement douce nous encouragea à quitter Djibouti en corps et en armes. Pour exécuter ce petit projet, nous primes réunion avec plusieurs de nos amis, des créôles et des blancs, et enfin notre guide, un bon et brave Somalis âgé de 15 ans, d'une taille énorme, et une figure identique à la nôtre, son beau teint chocolat et une jolie peau bien luisante. Il portait les fusils, très heureux de cela malgré sa charge car nous étions quatre, et les fers de fusils lui rentraient dans les chairs de ses épaules. Nous traversâmes le désert pendant quatre kilomètres et lorsque nous fûmes sur le point d'arriver à l'oasis, il faisait déjà complètement nuit. Après être passé à travers quelques broussailles et des épines, nous arrivions enfin à la tente du jardinier du gouverneur qui habite l'oasis avec sa femme et son enfant. Il est là pour entretenir un petit jardin, et essayer la culture des céréales; il a à ses ordres une trentaine de noirs, Somalis et Indiens, qu'il dirige et ce sont eux qui font les jardins, arrosent, et creusent des puits artésiens. Enfin ce brave monsieur nous offrit de prendre part à son souper qui se réduisit à quelques plats de riz, à de gros concombres en guise de salade, le tout arrosé d'un bon vin rouge qui rappelait vaguement celui que l'on boit ici. Enfin bref, c'était à la fortune du pot; mais tout n'était pas terminé, comment se coucher? c'était là une grave question. L'heure avancée ne nous permettait pas de retourner; après une courte délibération on décida de coucher sur le sable, tel que nous étions. Ceci déplut assez à notre bon boy Barré.

C'est incroyable comme le sable est froid la nuit. Fatigués, le sommeil s'empara vite de nous. Cependant, c'est drôle lorsque l'on se trouve en dehors du périmètre d'une ville, exposés d'abord aux fameux noirs qui ont de mauvaises idées et qui pourraient rêver fantasia en égouzillant un blanc, et puis ensuite aux hyènes qui abondent dans cet oasis, l'éveil nous reprit et constatant notre montre, nous vîmes n'avoir dormi que deux heures. Je crois que ce n'est pas tant la crainte qui nous réveilla, mais certainement la lune qui à ce moment brillait de toute sa vigueur, et sa lumière blafarde nous faisait apparaître des ombres, à quelques pas de distance, qui ressemblaient tantôt à des individus rampants et se rapprochant de nous, tantôt à des animaux sauvages assis et nous fixant, se demandant qui devait commencer l'attaque. Enfin, sur l'avis général les fusils furent armés ainsi que mon revolver. On resta couchés sur le ventre le fusil en main, placés de manière à voir de tous côtés et l'on attendit.

Le sommeil commençait encore à nous reprendre lorsque j'entendis non loin de moi un cri sinistre et rauque qui n'était autre que celui de la hyène; le cri se fit entendre de plus en plus et se multiplia, car ce n'était plus un seul animal, mais une troupe.

A un certain moment on distingua, quoi ? trois hyènes de belle taille; elles pouvaient se trouver à trente ou quarante mètres de nous, deux de ces carnassiers continuèrent leur chemin vers la ville, comme de coutume, et la troisième s'étant détachée de ses compagnes, obliqua vers nous. A environ vingt mètres, elle s'arrêta, s'assit et nous fixa sans faire uu mouvement. Tirer était impossible ne sachant si d'autres se trouvaient aux environs ce qui les aurait amenés, et aussi, tirer la nuit était donné le mot d'une attaque, les noirs qui pouvaient se trouver à d'autres endroits de l'oasis, et qui sont toujours armés, auraient pu accourir et alors peut-être aurions-nous eu fort à faire avec eux, car la provision de cartouches n'était pas grosse. Ce silence dura vingt minutes, après quoi, fatiguée, la bête prit le sage parti de rejoindre la ville et ceci ne fut pas sans nous causer un réel plaisir. Pendant toutes ces angoisses et péripéties, la lune disparut lentement et alors cette fois on fit un somme qui, d'ailleurs, était nécessaire, et le lendemain matin on était tout à fait remis de tant d'émotions. Cinq minutes après le réveil, un feu de branchages était déjà allumé, et dessus se trouvait une casserole où se faisait un bon café qui régala toute la société.

Le soleil, toujours ce soleil, envoya aussitôt ses ardents rayons et la chaleur était telle que notre retour devint encore impossible. Nous nous plaçions sous des palmiers et ne cessions de nous éponger le front. Le rôle du bon Barré arriva, on lui commanda de retourner à Djibouti chercher une voiture pour nous permettre de retourner. Il ne put s'y refuser et il partit. Pendant ce temps l'intolérable foyer céleste continuait à chauffer et à bouger de place, si bien que l'ombre disparut et les plus petites places où il y avait un peu d'eau venant de l'arrosage commencèrent à se dessécher. Un autre supplice devait encore nous arriver : il était environ dix heures et demie, le moment le plus chaud, Barré ne revenait pas ; les noirs se réunirent à dix pas de notre groupe, et, comme c'était l'heure de leur déjeuner, les bourreaux, commencèrent à allumer un feu immense, qui dégagea autant de chaleur que le soleil, nous étions entre deux feux. Ils firent cuire du riz et des viandes arrosées de graisse de chameau ce qui faisait dégager une épaisse fumée, et malheureusement pas très parfumée. En attendant notre boy ne revenait pas. Après une nouvelle heure d'attente on le vit de très loin faisant des bonds et des sauts extraordinaires. Quand il arriva jusqu'à nous, il était onze heures quarante, il tomba à nos pieds, se roulant à terre. tant il avait les pieds brûlés par leur contact avec le sable du désert. Nous fûmes obligés de lui verser plusieurs gargoulettes d'eau dessus, il put enfin nous dire que la voiture allait arriver. Quelle matinée !... C'était horrible. La voiture ou plutôt la gimbarde arriva, nous y primes place ainsi que Barré qui refusa de marcher ; le cocher fouetta ses deux chevaux qui nous enlevèrent avec une rapidité vertigineuse, en raison principalement de la chaleur du sol ce qui obligeait les chevaux à poser les pieds le moins souvent possible.

On aperçut Djbouti et bientôt on se mettait à table avec un appétit féroce.

Le lendemain, le souvenir de cette chasse était resté dans nos muscles. Ce qui ne nous empêcha pas d'y retourner un dimanche suivant, en ayant pris la précaution de partir à trois heures du matin, dans une obscurité complète et au lieu de nous diriger vers Amboulie, nous nous sommes trouvés à deux kilomètres à l'écart dans une brousse terrible, où les buissons et les ronces nous empêchaient d'avancer.

Nous avons, cette fois, regagné la ville beaucoup plus tôt ; il était dix heures lors de notre arrivée, mais ce qui nous a forcé quand même à acheter un verre d'eau chaude pour cinquante centimes et qui fut partagé en trois et englouti rapidement. Encore heureux d'avoir rencontré cette femme Gallas (meskine), qui nous vendit cette eau.

Deux jours après nous apprenions en ville l'assassinat de deux boys par les Issas, à l'endroit même où nous avions chassés le dimanche. C'est probablement que notre heure n'était pas encore sonnée.

LE DÉSERT

Au sortir du village indigène, on

entre dans une immense plaine, où rien ne pousse, pas d'eau, de la terre noire brûlée par les ardents rayons du soleil.

Ce désert n'est pas grand puisqu'il conduit à l'oasis d'Amboulie, mais il recommence aussitôt. Ce désert représente en petit ce qu'est le Sahara en grand. Vers le mois de Mai et à onze heures du matin, la chaleur atteint de 70 à 75 degrés. Vers le mois de Septembre, à la même heure, elle n'est plus que de 60 degrés. En parcourant cette immensité on rencontre à chaque instant des squelettes ou des cadavres de chameaux et d'ânes en pleine putréfaction. C'est la nourriture des bandes de hyènes, et des divers oiseaux de proie qui voltigent toujours au-dessus des ces répugnants débris. Il y a là quelques beaux coups de fusils, car ce sont des oiseaux énormes, tels que les charognards qui atteignent quelquefois un mètre et demi et plus d'envergure. Naturellement ces oiseaux ne peuvent se manger en raison de leur nourriture, mais empaillés, ils servent à orner les huttes ou les cases européennes, et alors servent aussi d'habitations aux mites et aux ancrelas.

A quelques kilomètres de la ville

nègre, en plein désert, on distingue un petit carré où se trouvent des bâtons piqués dans le sol ; c'est le cimetière. Les morts ne sont pas très nombreux et ils sont enterrés de la façon suivante : Chez les Somalis, on entoure le mort de petites lampes, représentant nos bougies, puis le cadavre, déposé à terre sur une natte est laissé seul dans l'habitation, chaque visiteur dépose avant de partir, une petite baguette à côté du mort. Enfin lorsque les funérailles approchent on entend les tam-tam et les tambours, le tout accompagné de chants des plus tristes. Le corps est enlevé, puis porté sur un angareb jusqu'à Amboulie, où une fosse très peu profonde est creusée. On y place le corps dépouillé de tous vêtements, et à ses côtés les assistants et la famille, jettent de la nourriture, des habits neufs, de la monnaie, etc., car dans leur imagination, la mort ne peut exister, elle n'est que momentanée et peu après le cadavre revit, et alors se nourrit, s'habille, boit, tout comme les vivants.

Naturellement, ce qui est le plus vrai dans tout cela, c'est que quelques jours après l'inhumation on peut constater que les hyènes ont déjà creusé profondément la fosse et alors, il est certain que les cadavres ne restent pas longtemps dedans. Ils sont tous mangés par les hyènes.

L'Européen qui meurt là-bas, est mis en bière dans une espèce de caisse ressemblant à un cercueil. On le transporte à l'église, où mieux ce qui sert d'église, et les Pères Blancs, disent un service, auquel assistent tous les Européens de la ville, après quoi le cercueil est placé sur un brancard, que quatre Askaris portent sur leurs épaules, et le mort est conduit au même cimetière où il subira sûrement le même sort que ses voisins.

La famille du défunt accompagne rarement le corps, en raison de la terrible chaleur qui règne pendant le trajet à travers le sable, pour se rendre au cimetière.

LA PLUIE

Ah ! mais, tout ne serait pas complet, si je ne venais pas aussi, vous parler un peu de la pluie.

Quelquefois pendant toute l'année on en est privé. Ce n'est pas comme chez nous. Par contre, quand elle se met à tomber, il ne faut guère espérer la voir cesser avant une bonne quinzaine de jours.

La veille de pluie, le temps est un peu plus lourd que d'habitude, le soleil se cache souvent ; le soir les éclairs fendent et entr'ouvent les cieux, ce qui n'est pas sans faire les plus jolis reflets dans la mer. Puis tout à coup, le tonnerre gronde avec une force inouïe, et la pluie commence. Dehors ou dedans, on s'en aperçoit bien vite, et dès les premières gouttes tous les Européens sont comme les pompiers au feu, on sauve tous ses objets, livres, papiers, etc., et on enferme le plus possible dans des malles en zinc, ou dans de grandes caisses que l'on abrite le mieux possible. Généralement vingt minutes après, on ouvre son parapluie, car il commence à pleuvoir dans votre pauvre maison. Enfin le spectacle devient effrayant avec chaque minute, vos chaussures sont trempées, puis peu après le bas de votre pantalon, enfin on patauge.

Pendant mon séjour, la pluie commença une nuit, et couché sur mon angareb je n'osais trop me bouger; par un hasard extraordinaire, je me trouvais juste à un endroit où il ne pleuvait pas. Je dormis tant bien que mal, tout habillé, pour sauver le reste de mes habits qui n'étaient pas encore mouillés; le lendemain matin à mon réveil, les rues étaient inondées d'une trentaine de centimètres d'eau, on voyait des pauvres Somalis se sauver de tous côtés, la toile leur servant de vêtement était collée sur le corps, et ils claquaient les dents.

Dans leur village, un grand nombre de paillottes étaient détruites, les unes envolées, les autres effondrées. Je pris mon parapluie, et ma foi je sortis, la pluie à ce moment cessait un peu. Tous les Européens et Européennes retroussés, loquetaient, balayaient, faisaient, en somme, sortir autant d'eau qu'il y en avait dehors.

Mes habits étaient tout de même secs, mais dans les caisses où ceux de rechange étaient rangés, ils n'étaient bons qu'à tordre. Vers les dix heures du matin, voilà le déluge qui reprend, cette fois avec une double force. Mon parapluie, percé, ne m'abritait plus. Je voulus, avant tout, sauver mes habits. Je me mis dans mon cabinet noir que j'avais installé et qui me servait pour la photographie (pas ce jour-là), et, content, je pris un journal, daté je crois, de quelques années passées, et je lus. Tout n'était pas fini, il n'y avait pas un quart d'heure que je jouissais de mon installation, unique dans toute la ville, que je reçus une douche, telle, que je suis resté coi pendant quelques instants.

Que venait-il de se passer?

Après une minutieuse inspection, je vis que la toile qui formait le plafond de mon cabinet, et qui était clouée contre la toiture, s'était remplie d'eau sans se percer, et à un moment donné, par le poids, elle s'arracha à l'endroit des clous.

Cette fois mes habits furent trempés, et je dus les conserver quand même toute la journée. Pour ajouter encore d'autres événements à nos malheurs, ce jour-là, les cuisiniers ne nous firent pas de cuisine, leurs foyers étaient mouillés, et on dût se borner à manger quelques viandes de conserves, les pieds dans l'eau, et le dos trempé.

Cette pluie dura encore douze jours après, et beaucoup des notes que vous lisez ici, chers lecteurs, ont été écrites à l'abri d'un parapluie, et dans l'habitation même de mon frère. — Ça n'en a que plus de charmes.

Nous avons passé en revue déjà beaucoup de choses intéressantes, mais je crois qu'avant de terminer ce fascicule, nous y reviendrons, en attendant je vais vous donner quelques notes sur les forces abyssines

L'ABYSSINIE MILITAIRE

J'ai parlé de sa Majesté le Négous Ménélik, grand chef de cette nation chrétienne, fière de son indépendance, et qui s'est toujous montré ouverte au progrès. L'empire d'Ethiopie ou d'Abyssinie comprend trois royaumes principaux gouvernés chacun par un Ras (prince indigène). Ces trois royaumes réunis représentent une superficie de plus de 200.000 kilomètres carrés, soit environ la moitié de la France.

S. M. Ménélik règne dans le Choa et étend sa suzeraineté sur toute l'Abyssinie. L'armée abyssine comprend près de 100.000 guerriers, dont deux tiers armés de fusils.

Les Zavegna, fils d'esclaves royaux, sont armés de fusils et constituent une troupe plus sérieuse. D'autres guerriers ont des fusils Gras, des fusils Russes, Wetterli et des Ramington. Les chefs, des carabines à répétition Colt ou Wincester.

Les Abyssins ne tirent pas mal de près, mais ils ne savent pas se servir de la hausse, qui, pour eux, est un instrument d'ornementation.

En sus des fusils, d'autres soldats ont la lance, qui est une arme terrible entre leurs mains. Ils la manient avec une adresse incroyable, et à une trentaine de mètres, ils la lancent sur un crâne de bœuf desséché, et il est fort rare que sur douze, il n'y en ait une qui n'atteigne le but.

Ils font usage d'un bouclier en peau de buffle affectant la forme ronde ou ovale. Ils ont aussi un sabre au côté, il est forgé dans le pays même, qui est très riche en minerai de fer, la lame est droite, longue et à deux tranchants, et la poignée en corne possède au pommeau un thaler sur lequel la lame est rivée; le fourreau est en peau tannée.

La cavalerie a un effectif de 30.000 hommes bien exercés et bien montés.

L'artillerie se compose d'une cinquantaine de canons de montagnes Hotchkiss et Krupp, dont les canonniers se servent très convenablement jusqu'à une distance de un kilomètre.

Tous les ans, à la fête de la Mascale, on fait les écoles à feu, et Ménélik pointe lui-même ses pièces. Il parait qu'il le fait avec adresse et qu'il touche souvent le rocher visé. Quelques mitrailleuses complètent l'artillerie.

Les Abyssins ne sont plus aujourd'hui de vulgaires sauvages, armés de lances et de flèches, c'est un peuple qui, sans être complètement civilisé, est en bonne voie de le devenir. Ménélik est un homme fort intelligent, qui désire et recherche le progrès, il voudrait, s'il avait plus d'argent, enrôler une légion étrangère et en faire un modèle pour les milices indigènes. Les soldats abyssins sont des marcheurs infatigables, et leur sobriété dépasse tout ce que nous pouvons imaginer.

Les Abyssins sont très difficiles à retenir lorsqu'ils sont en présence de l'ennemi. Le Négus lui-même qui est très obéi, très respecté, a peine à arrêter le carnage. Le commandement n'est pas très facile, l'unité manque. Les Abyssins ne combattent pas très régulièrement car chaque petit chef va de son côté lorsqu'il le juge convenable.

Les Bacha, ou officiers subalternes, commandent une troupe de cinquante à cent hommes; les Chakalas, ou officiers supérieurs, en commandent mille. Au-dessus d'eux on trouve les Balambaras, ou commandants de forteresses, dont le titre est surtout honorifique. Les officiers généraux viennent ensuite, ce sont le Garazmatch (chef de l'aile gauche), et le Cagnazmatch (chef de l'aile droite), qui dépendent des Dedjazmatch (commandants de corps) au-dessus desquels sont les Ras ou maréchaux. Les unités tactiques sont loin d'être égales et dépendent surtout des circonstances.

En campagne, le commandant du corps d'avant-garde, porte le nom de Fitaorari, et celui du corps d'arrière-garde, le nom d'Ouabo; mais ces fonctions sont remplies aussi bien par un Dedjazmatch que par un Ras.

Les campements de l'armée sont réglés avec une exactitude parfaite, et le dispositif est, en général, le suivant :

Dès qu'un chef plante sa tente, les autres chefs secondaires savent à quelle distance ils doivent placer la leur, et l'établissement du camp se fait ainsi sans heurt, comme sans confusion.

La discipline est parfaite, l'armement des troupes est peu uniforme, mais les armes sont en bon état et les soldats s'en servent très bien. — Les succès des Abyssins le prouvent surabondamment.

En somme, si différente que soit l'armée abyssine des armées européennes elle est encore de celles avec lesquelles il faut compter.

LE MARCHÉ

Sur une grande place de la ville, se trouvent réunis et accroupis les indigènes, hommes et femmes; devant chacun d'eux se trouve une sorte de marchandise :

Verroteries et bijoux du pays.
Lames de sabres.
Chevaux et mulets.
Peaux de lions et panthères.
Ivoire en poudre.
Or en barre et en poudre.
Civette.
Girofle.
Thé et café de Harraris.
Oignons et aulx.
Pommes de terre.
Bananes et noix de cocos, etc...

Le soir venu tous ces indigènes remballent leur petit étalage, ou emmènent leurs troupeaux, et dès le lendemain à la première heure, ils se retrouvent aux mêmes places, occupées la veille, et annoncent leurs marchandises.

Ils font la popote là, et ne s'en retournent que pour se coucher.

RESSOURCES DU PAYS

Elles sont immenses dans ce pays où l'industrie est presque nulle, et où l'agriculture offre de précieuses et incalculables ressources.

AGRICULTURE

La fertilité du sol de l'Abyssinie est vraiment extraordinaire, et les indigènes ne cultivent que pour leurs besoins.

D'immenses étendues de terrains non exploitées, ne demandent qu'à rendre au centuple la semence qu'on y jettera.

Avec son climat, où l'alternance des saisons est presque insensible, sa saison régulière de pluies de juin à septembre, les chaudes et profondes vallées, l'étagement en gradins de ses montagnes, tout cela permet tous les genres de cultures depuis celles des pays tropicaux jusqu'à celles des zones tempérées, cette contrée est susceptible de devenir une des plus riches.

Les 7/10 des terrains non cultivés de Harrar, aux confins de l'Abyssinie méridionale, conviennent admirablement à la culture du café.

Le coton pourrait être aussi l'objet d'une culture rémunératrice.

INDUSTRIE

Toutes sont à créer dans ce pays. Scieries mécaniques, moulins à vent, brasseries, fours à chaux et ciments, poudreries, cartoucheries, etc., etc.

ELEVAGE

Lorsque la ligne du chemin de fer qui doit relier Harrar avec Djibouti sera terminée, Harrar deviendra le grand centre d'approvisionnement en moutons, chèvres et bœufs de la côte Somalie et des contrées d'Arabie.

Les prairies abondent, il y croit une herbe succulente et riche, et le climat convient admirablement à la conservation des animaux.

Les chevaux sont très estimés surtout

pour leur endurance, le mulet qui est de petite taille, mais robuste, est d'une grande résistance à la fatigue et aux privations, il rend des services inappréciables, dans ce pays montagneux, et il sert de monture et d'animal de bât. (On le charge à 100 kgs).

Le prix d'un bon mulet de selle varie entre 25 et 45 thalers (75 francs environ) et quelquefois il atteint 70 thalers, soit environ 120 francs.

Le cheval vaut environ 100 à 120 fr.

Le mulet s'appelle en Abyssin Baklo et le cheval Faras.

CONCLUSION

L'Abyssinie entière est appelée à une civilisation européenne qui, espérons-le, ne se fera pas attendre. Les chances d'arriver sont nombreuses là où les hommes ne se pressent pas encore par troupeaux, dans ce pays neuf où tant de choses sont à faire. Nos vieux mondes, exploités depuis douze ou quinze siècles, n'offrent presque plus de débouchés. Il est temps que nous imitions nos voisins les Anglais et les Allemands et que nous cherchions à notre tour, non pas chez les autres, mais chez nous, dans les nouvelles France d'outre-mer, la posssibilité de vivre et de faire notre chemin.

Les difficultés de la vie semblent grandir avec les progrès de la civilisation.

Que de gens se demandent comment dans quelques années ils trouveront une place au soleil. Que d'énergies restent sans emploi dans le trop plein des villes! Condamnés à l'inaction, ces hommes végètent dans un état proche de la misère!

Y a-t-il un remède, à ce mal dont souffre particulièrement notre pays? Oui, il y en a un :

C'est la Colonisation!

FIN